재료의 산책

봄의 일기

요나 지음

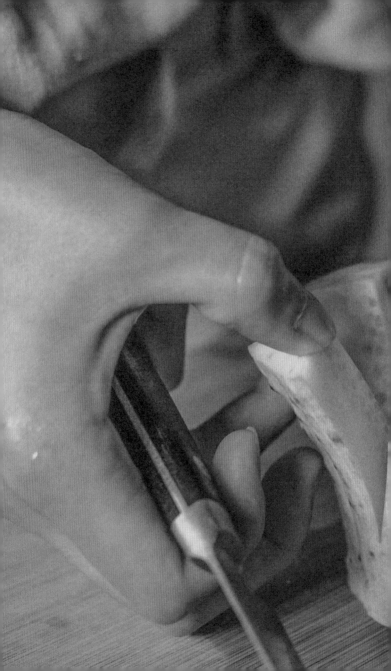

산책의 시작

2013년 아직 차가운 공기가 남아있던 초봄의 어느 날 어라운드의 한 에디터가 난데없이 나를 찾아왔다. 따뜻한 커피와 맥주를 가운데 두고 마주 앉은 초면의 그가 나에게 던진 말은 간결하다 못해 수상할 정도였다. "요나 씨 저희 잡지에 요리 코너 하나 연재해주지 않으실래요? 주제는 따로 없고 쓰다가 또 바꾸어도 돼요. 아무거나 하고 싶은 대로 하세요."

제안의 그림이 너무 광활해서였을까. 아니면 그가 건넨 자유가 편안해서였을까. 어떤 요리를 연재할지에 대한 걱정은 금세 어디론가 사라지고 나는 역행하듯 코너의 제목부터 고민하기 시작했다. 그렇게 일주일가량 끙끙대다 만들어낸 단어 '재료의 산책'. 달마다 제철 재료 한 가지와 요리법을 소개하고, 잡지를 펼친 사람들이 재료와 산책하는 듯한 가벼운 기분으로 계절을 느낄 수 있으면 좋겠다는 마음에서였다. 우리가 바쁘게 일을 하고, 많은 사람들과 스치고, 곤히 잠든 사이에도 이 땅의 어디선가에는 감자가 나고, 가지가 나고, 귤이 열리고 있다는 걸 잊지 말자는 이야기를 쓰고 싶었다.

물론 겁도 없이 덜컥 시작한 연재는 난항의 연속이었다. 매달 한 가지 재료를 정하고, 공부하고, 요리하여 사진을 찍는 일은 생각보다 쉽지 않았다. 원고를 쓰던 시간들을 돌이켜보면 아직도 막막한 감정이 생생하게 차오른다. 진하디

진한 성장통이었다. 3년 4개월, 서른네 번의 연재가 없었다면 지금쯤 어딘가 헤매고 있을지도 모른다. 마지막 연재를 마치고 2년이 넘은 지금도 나는 '재료의 산책'이라는 팝업식당을 열어 음식에 대한 생각을 거듭하고 있다. 이렇게나 오래도록 내 삶의 가치가 될 줄은 꿈에도 몰랐기에 더욱 감사한 마음이다.

나는 어릴 적 오랜 시간 섭식장애를 겪었다. 그때의 외로움과 두려움을 극복하기 위해 붙잡았던 요리가 이제는 나에게 세상을 살아내는 법을 알려주는 길잡이가 되었다. 음식은 나의 일부이며 전부이고, 이것은 우리 누구에게나 같은 이야기다. 이 책에 담은 요리법들은 사실 큰 의미가 없다. 먹고 싶은 요리를 스스로 고민하는 시간부터가 식사의 시작이다. 여기서는 그저 재료를 바라보며 지금 내가 어느 계절에 머물러 있고, 어느 곳에 살고 있으며, 어떤 기분으로 지내고 있는지 다시 한번 귀 기울여보는 시간을 보냈으면 하는 바람이다. 마치 산책하듯이 가벼운 기분으로 말이다.

요나

봄의 일기
목차

8

PROLOGUE

산책의 시작

12

첫 번째 재료

버섯

20

두 번째 재료

브로콜리

26

세 번째 재료

셀러리

34

네 번째 재료

아스파라거스

40

다섯 번째 재료

양상추

46

여섯 번째 재료

양파

54

일곱 번째 재료

냉이

64

여덟 번째 재료

쑥

72

아홉 번째 재료

딸기

버섯

말린 버섯은 최고의 자연 조미료다. 그저 햇볕 아래 놓아두기만 해도 맛이 진해지고 영양가도 높아진다. 소쿠리에 넓게 펼쳐 보통 하루 이틀 동안 햇볕 아래서 말리는데 날씨와 계절의 영향이 크므로 상태를 보아 그이상 혹은 이하로 말리며, 장소는 통풍이 잘 되는 곳이 좋다. 버섯은 습기가 차면 곰팡이가 피기 쉽기 때문에 1~2시간이라도 말린 다음 냉장고에넣는 것이 좋다. 용기에 보관할 때는 꼭 키친타월을 깔거나 감싸서 넣는다. 말린 버섯은 물에 담가두어 그 물과 함께 밥을 지어도 좋고 볶음이나조림에 사용해도 좋다. 표고버섯은 몇 시간만이라도 말린 뒤 기름에 볶으면 고기와 같은 질감이 난다. 특히 국을 끓일 때 말린 버섯을 사용하면향이 몇 배로 좋아진다.

바삭하게 구운 두부 위에
진득한 버섯소스를 올리다

혼자의 내가 없다면 모두와의 나 또한 지키기 어렵다. 나는 혼자서 술 마시는 시간을 좋아한다. 가게 음식 맛과 분위기가 마음에 들면 혼자서 테이블을 차지하고 앉아 몇 시간이라도 기꺼이 보내곤 한다. 도쿄에도 자주 다니던 작고 어두운, 이자카야가 있었다. 그 가게에서 가장 좋아하던 메뉴가 바로 이 '두부버섯앙카케豆腐のキノコあんかけ'라는 음식이었는데, 밀가루를 묻혀 바삭하게 구운 두부 위에 심심하게 간을 한 버섯소스가 올려 나왔다. 특별할 것 없는 접시지만 추운 날 따뜻한 사케 한 컵과 함께하면 싱숭생숭하던 마음도 잔잔하게 가라앉곤 했다.

재료

각종 말린 버섯 한 줌, 두부 1모, 밀가루 적당량, 마늘 2개, 식용유 적당량, 청주 1Ts
전분물(전분 2Ts, 물 3Ts), A(물 300~400ml, 국간장 1Ts)
* Ts(테이블스푼), ts(티스푼)

만드는 법

두부를 원하는 크기로 썰어 키친타월이나 면포에 감싸 물기를 **뺀**다. 물기를 뺀 두부에 밀가루를 골고루 묻힌다. 달군 프라이팬에 식용유를 두르고 두부의 양면을 바삭하게 굽는다. 접시에 두부를 담고 버섯소스를 올린다.

버섯소스 마늘은 도톰하게 슬라이스한다. 달군 프라이팬이나 작은 냄비에 식용유 1Ts을 두르고 마늘을 올려 향을 낸다. 말린 버섯을 넣고 청주를 두른다. 노릇하게 볶은 뒤 A를 넣어 4~5분가량 중불에서 끓인다. 전분물을 잘 섞어 약불로 줄인 뒤 조금씩 부어가며 점성을 낸다.

버섯을 볶아
식초에 절여 차갑게 먹다

재료

각종 버섯 200g, 다진 마늘 1ts, 올리브오일 2Ts, 화이트와인 또는 청주 1Ts,
A(식초 4Ts, 간장 2Ts, 후추 0.5ts, 건바질 0.5ts)

만드는 법

버섯은 먹기 좋은 크기로 찢어 준비한다. 달군 프라이팬에 올리브오일을 두르고
마늘과 버섯을 넣어 강한 불에서 가볍게 볶는다. 화이트와인 또는 청주를 둘러 잡
내를 날린 뒤 불을 끈다. 볼에 A를 넣어 잘 섞고 볶은 버섯을 넣어 버무린다. 잘
식힌 후 보존 용기에 담아 2시간 이상 냉장고에서 차게 한다. 샐러드의 고명이나
샌드위치의 속으로 사용해보자.

Tip.
버섯의 풍미가 물과 함께 떠내려갈 수 있기 때문에 가능하면 물에 씻지 않는 것이 좋다. 흙이
묻어있다면 털어내거나 젖은 수건으로 닦는다. 손질할 때는 최대한 손으로 찢어낸다.

안초비와 같은
버섯오일을 끓이다

먼 바다를 건너오는 안초비보다 저렴하고 향기로우며 고소한 버섯오일이다.
냉장고를 열어보아도 인상이 흐릿한 재료들밖에 보이지 않을 때 이 버섯오일
에 마늘 몇 쪽과 남은 자투리 채소들을 볶으면 꽤 괜찮은 한 접시가 순식간에
만들어진다. 두부를 블렌더에 부드럽게 갈아서 버섯오일을 몇 숟갈만 섞으면
마치 시저드레싱 같다. 누군가에게 사실은 안초비를 넣었다고 거짓말하고 싶
어지는 맛이다.

재료

버섯 450~500g, 된장(또는 미소) 10~20g, 볶은 아몬드 50g, 올리브오일 250~300ml,
소금 약간

만드는 법

팽이버섯이나 양송이버섯, 새송이버섯, 느타리버섯 등을 준비한다. 여러 종류의
버섯을 섞는 게 재미있는 맛을 내기에 좋다. 모든 버섯을 4~5mm 정도로 잘게 다
진다. 아몬드를 칼로 곱게 다진다. 냄비에 올리브오일과 버섯, 아몬드, 된장을 넣
고 약불에서 20분가량 끓인다. 입맛에 따라 소금으로 간을 맞춘다. 불에서 내려
열기가 완전히 식으면 밀폐 용기에 담는다. 금방 소진하지 못할 경우 지퍼백에 얇
게 담거나 냉동 용기에 담아 얼려둔다.

브로콜리

브로콜리는 봉오리가 단단하면서 가운데가 볼록하게 솟아올라 있는 것, 줄기를 잘라낸 단면이 싱싱한 것이 맛이 좋다. 줄기의 영양가가 봉오리보다 높다는 사실을 모르는 사람도 많은데, 줄기에는 특히 식이섬유가 많이 들어있다. 지난 주에는 브로콜리의 꽃봉오리를 으깨어 리소토를 만들고, 이번 주에는 남은 줄기들을 모아 브로콜리 줄기 튀김을 만들었다. 요리를 하면 할수록 이 재료의 숨은 매력은 끝이 보이지 않는다. 남은 브로콜리들로 다음엔 무얼 만들어볼까. 삶아서 두부에 버무려 먹어도 맛있고, 감자와 함께 구워 그라탱으로 만들어도 맛있겠다. 내일을 고민하게 하는 이 재료에서 오늘 하루를 생기 있게 보낼 수 있는 힌트를 얻어본다.

브로콜리와 콜리플라워를 갈아
수프로 만들다

지금 어떤 요리를 하고 싶은 건지 모를 때가 있다. 식욕이 떨어지는 날에는 먹먹한 기분이 되곤 한다. 그럴 때면 무심하게 계절의 공식에 요리를 대입해본다. 예를 들어 초봄이라면 재료로 양배추, 콜리플라워 등을 고른 뒤 '따뜻하고 걸쭉한 무언가'를 떠올리고, 여름이라면 오이, 옥수수, 오크라(아욱과에 속하는 끈적한 식감의 식물)를 고른 뒤 '새콤하고 산뜻한 무언가'를 떠올리는 것이다. 브로콜리와 콜리플라워는 생김새에서도 알 수 있듯 같은 조상인 케일(십자화과의 2년생 또는 다년생 식물) 아래에서 태어난 사이좋은 친척이다. 오늘은 날이 조금 추우니 이 둘을 합쳐 따뜻한 수프를 만들기로 했다. 뭉근한 수프를 끓이고 있자 버터를 발라 구운 빵 한 조각도 생각이 나고, 함께 곁들일 아삭한 샐러드도 절로 생각이 난다. 빙그르르 한 바퀴 멀리 돌아온 식욕이 반갑다.

재료

브로콜리 ¼송이, 콜리플라워 ¼송이, 양파 ½개, 감자 1개, 마늘 한 쪽, 두유 300ml, 채수 100ml, 올리브오일 2Ts, 소금, 후추

만드는 법

브로콜리와 콜리플라워는 잘 씻어 다루기 쉬운 크기로 나눠 잘게 썬다. 감자와 양파는 2~3mm 두께로 얇게 썰어 준비한다. 프라이팬에 올리브오일을 두르고 슬라이스한 마늘을 넣어 약불에서 향을 낸다. 양파를 넣고 투명해질 때까지 볶다가 감자, 브로콜리, 콜리플라워를 넣고 5분가량 볶는다. 채수를 먼저 넣고 뚜껑을 덮어 찌는 느낌으로 5분가량 둔다. 브로콜리 줄기가 어느 정도 투명해지면 두유를 넣고 끓인다. 브로콜리와 콜리플라워가 푹 익으면 불을 끄고 블렌더로 곱게 갈아준다. 소금, 후추로 간을 맞춰 완성한다. 농후한 맛을 원할 경우 두유와 채수 대신 우유를 넣고 버터를 소량 추가한다.

Tip.
채수 우리는 법 자투리 채소(양파 껍질, 무, 브로콜리대, 애호박, 당근, 양배추, 파뿌리 등 향이 강하지 않은 것)과 건다시마, 건표고를 물에 넣고 중불에 올려 끓인다. 끓기 시작하면 약불로 줄여 30분가량 더 끓인다. 채에 걸러 사용하고 남은 채수는 냉장 또는 냉동 보관한다. 채소는 소쿠리 위에 넓게 펼쳐 말린 뒤 사용하면 향이 강해진다.

브로콜리를 삶아
반숙 달걀과 버무리다

샐러드에는 어울리는 조합이 몇 가지 있다. 시저드레싱에는 로메인 상추, 참깨 드레싱에는 연두부, 토마토에는 모차렐라 치즈, 그리고 브로콜리 샐러드에는 반숙 달걀. 마요네즈에 버무려진 반숙 달걀의 노른자는 브로콜리 꽃봉오리의 사이사이를 빈틈없이 채워준다. 천생연분의 조합에는 다 그만한 이유가 있기 마련이다.

재료

브로콜리 ½송이, 칵테일 새우 5마리, 달걀 3개, 마요네즈(《가을의 일기》 두유 편 참고) 0.5컵, 소금, 후추

만드는 법

브로콜리는 꽃봉오리와 줄기 부분을 나눈 뒤 각각 먹기 좋은 크기로 썬다. 물을 끓여 브로콜리와 소금 한 꼬집을 넣고 2~3분가량 삶아 건진다. 너무 많이 삶으면 흐물흐물해지므로 주의하자. 달걀은 끓는 물에서 8분가량 반숙으로 삶아 껍질을 깐다. 새우 역시 비슷한 시간으로 삶아 건진 뒤 잠시 얼음물에 담가 둔다. 큰 볼에 삶은 달걀을 넣고 포크로 으깬 뒤 브로콜리, 새우, 마요네즈를 넣고 잘 섞는다. 소금, 후추로 간을 맞춘다.

Tip.
브로콜리 꽃봉오리 사이를 깨끗이 씻고 싶다면 요리하기 전 식초 섞은 물에 30분간 담가놓자.

셀러리

누군가는 키가 너무 크고, 누군가는 말이 너무 많으며, 누군가는 요리를 너무 못한다. 그럼에도 우리는 그런 누군가를 사랑한다. 셀러리는 섬유 질의 특성상 질긴 식감을 가졌고, 쌉싸름한 맛까지 있다. 하지만 누군가 에게는 유머감각이, 누군가에게는 흉내 낼 수 없는 배려심이 있듯, 셀러 리에게는 수프에 빼놓을 수 없는 고유의 향이 있으며 기름에 볶으면 달 고 부드러워지기까지 한다. 거대하던 셀러리 한 단은 볶아서 토마토 수 프를 한 솥 끓이고, 남은 채소들을 모아 볶음밥을 만들고, 튀김을 만들고 나면 금세 줄어든다. 마요네즈만 찍어 먹고 끝내기에는 아깝도록 사랑스 러운 맛이다.

셀러리와 오이를 구워
따뜻한 샐러드로 만들다

처음 셀러리를 마요네즈에 찍어 베어 먹었을 때 느낀 식감과 향은 오랫동안 불편함으로 기억되고 있다. 적어도 친구가 끓여준 셀러리 수프를 맛보기 전까지는 그랬다. 그저 성실히 셀러리와 양파를 볶고 채수를 부은 뒤 말린 바질을 몇번 뿌리는 게 전부인 대단하지 않은 수프였다. 마치 치킨만 골라낸 서양의 치킨수프와 같은 맛이었는데, 오히려 고기가 들어있지 않아 다행이라 느껴졌다. 수프 맛의 충격 때문일까. 이제는 셀러리를 집으면 꼭 기름에 볶고 싶어진다.

재료

셀러리 줄기 1개, 오이 ½개, 소시지 적당량, 올리브오일 1Ts, 드레싱(올리브오일 30ml, 레몬즙 10ml, 간 마늘 0.5ts, 소금, 후추, 드라이 바질 약간)

만드는 법

셀러리의 줄기와 오이를 잘 씻어 5~6mm 크기로 썬다. 소시지도 둥글게 썰어 올리브오일을 두른 팬에 중불에서 1~2분가량 볶은 뒤, 셀러리와 오이, 소금과 후추를 넣어 5분가량 더 볶는다. 볼에 드레싱의 재료를 모두 넣고 잘 섞은 뒤 볶은 재료들을 넣고 골고루 묻힌다. 방울토마토나 두껍게 썬 고다치즈를 곁들여 섞어도 어울린다.

Tip.
셀러리를 조리하기 전 껍질의 섬유질을 적당히 제거해주면 식감이 좋아진다. 바나나 껍질을 벗기듯 칼로 줄기 끝부분을 집어 위에서 아래로 몇 가닥 벗긴 뒤 조리하자.

셀러리 잎을
튀기다

셀러리 잎은 질기고 향이 강하다. 슈퍼에도 밑단 부분만 포장되어 나오는 경우가 많은데, 이를 다르게 생각하면 강한 향 하나만으로 셀러리 잎이 자립할 수 있다는 뜻이기도 하다. 비슷한 경우로 깻잎 튀김을 생각하면 좋겠다.

재료

셀러리 잎 적당량, 밀가루, 전분, 물, 식용유, 소금

만드는 법

셀러리 잎을 씻어 물에 10분가량 담가둔다. 키친타월로 물기를 잘 제거하고 밀가루를 미리 가볍게 흩뿌린다. 볼에 밀가루와 전분을 2:1로 섞은 뒤 소금 조금과 물을 넣어 튀김옷을 반죽한다. 물 대신 탄산수나 얼음물을 사용하면 좀더 바삭하게 튀길 수 있다. 튀김옷을 묻혀 180도로 달군 기름에 튀겨낸다. 오래 튀기면 잎이 물러지므로 고온에서 짧게 튀긴다. 소금을 곁들여 낸다.

Tip.
남은 셀러리는 신문지에 싸서 물을 뿌리거나, 키친타월에 감싸 밀폐 용기에 넣어 냉장고에 보관하자.

셀러리와 마늘의 향에
밥을 볶다

'향미 야채'라고도 불리는 셀러리는 마늘과 함께 고기 요리에서 잡내를 잡아주거나, 부용Bouillon(육류, 생선, 채소, 향신료 등을 넣고 맑게 우려낸 육수)을 만들 때 빼놓을 수 없는 재료다. 특히 마늘과 함께 기름에 볶으면 향이 배로 진해진다. 그 기름에 버섯과 간장 조금, 현미밥을 넣고 볶으면 별다른 소스가 필요 없다.

재료

셀러리 1줄기(잎과 줄기 모두), 마늘 3쪽, 느타리버섯 적당량, 현미밥 1.5공기, 간장 2ts, 참기름 1ts, 감자 ½개, 식용유 2Ts, 소금, 후추

만드는 법

셀러리를 잘 씻어 줄기와 잎 모두 잘게 썬다. 마늘은 곱게 다지고 느타리버섯은 5mm 정도로 썬다. 프라이팬에 식용유를 두르고 마늘을 넣어 약한 불에서 느긋이 향을 낸다. 셀러리와 버섯을 넣어 노릇해질 때까지 볶고, 현미밥을 넣고 잘 섞은 뒤 간장, 참기름을 두른다. 소금, 후추로 간을 맞춘다. 감자는 2~3mm 두께로 얇게 썰어 프라이팬에서 양면을 노릇하게 굽는다. 접시에 볶은 밥과 감자를 올려 완성한다.

아스파라거스

프랑스 왕실에서 즐겨 먹어 '귀족의 채소'라는 별칭을 가진 아스파라거스는 꽃봉오리가 맺힌 봄의 나뭇가지를 닮았다. 꽃 달린 가지에 손을 뻗기까지는 오랜 시간이 걸렸다. 선뜻 요리할 마음이 생기지 않았다. 하지만 꽃봉오리를 굽는다는 요상함을 지나 찾아온 입안의 부드러움은 이제까지의 망설임을 순식간에 바보처럼 만들었다. 괜한 낭만이었다. 아스파라거스는 수확된 시기에 따라 조리법을 다르게 하면 좋다. 이른 시기에 수확된 아스파라거스는 껍질이 얇고 부드럽다. 손으로 만져보면 연약함을 느낄 수 있다. 이럴 때는 기름을 두르고 살짝 구워내 반숙으로 삶은 달걀 노른자에 찍어 먹거나 다른 채소들과 함께 살짝 볶아 아삭아삭한 식감을 즐긴다. 손으로 만져보아 껍질이 두껍고 단단해진 아스파라거스는 껍질을 최대한 벗겨내고, 뜨거운 물에 밑동부터 삶아내어 식감을 부드럽게 해주는 것이 좋다. 죽순이나 다시마를 함께 넣어 밥을 지어도 별미다.

아스파라거스와 당근을
식초에 무치다

재료

아스파라거스 3~4대, 당근 ⅓개 , 식초 1Ts, 꿀 또는 효소 1ts, 간장 1ts, 올리브오
일 1Ts, 후추 적당량

만드는 법

손질한 아스파라거스와 당근을 필러로 얇게 슬라이스한다. 끓는 물에 아스파라거
스를 넣고 10초가량 가볍게 데친다. 물에서 건진 아스파라거스는 아삭아삭한 식
감이 살아나도록 얼음물에 잠시 담가놓는다. 볼에 식초와 꿀 또는 효소, 간장, 후
추를 넣고 잘 섞은 뒤, 올리브오일을 조금씩 부어가며 섞는다. 물기를 잘 닦아낸
아스파라거스와 당근 위에 준비한 소스를 넣고 골고루 무친다. 이대로 샐러드처
럼 먹거나, 수프나 구이 요리와 같은 메인 요리의 사이드로 곁들여도 좋다.

Tip.
아스파라거스 손질과 보관 요령 딱딱한 밑동 부분을 손톱 길이만큼 잘라낸 뒤, 필러를 이용
해 하단부터 손가락 두 마디 길이 정도까지 두꺼운 껍질을 벗겨준다. 조리하기 전 잠시 동안
물에 담가놓으면 구석구석에 숨어있는 흙이 흘러나와 깨끗해진다. 도중에 생기가 없어진다
면 화병에 꽃는 기분으로 밑동 부분을 물에 담가보자. 나무처럼 물을 쭉쭉 빨아들여 다시 싱
싱해진다. 아스파라거스는 70퍼센트 이상이 수분으로 이루어져 있다. 보관을 할 때도 수분을
지켜주는 일이 신선도 유지의 핵심이다. 물에 적신 키친타월에 감싸거나, 신문지에 감싸 분
무기로 물을 뿌려 냉장 보관한다. 되도록 조금씩 사서 빨리 먹고, 늦어도 3~4일 내에 먹는 것
이 좋다.

아스파라거스를
두부와 검은깨로 버무리다

재료

아스파라거스 2~3대, 두부 반 모, 간장 2ts, 참기름 1ts, 소금, 검은깨 적당량

만드는 법

마른 천이나 키친타월로 두부를 감싸 물기를 뺀다. 시간이 없다면 천으로 감싸 힘
있게 짜주어도 좋다. 손질한 아스파라거스는 3~4cm 길이로 썰어 끓는 물에 소금
한 꼬집을 넣고 살짝 데친다. 비교적 딱딱한 밑동 부분부터 넣어야 고르게 데칠
수 있다. 볼에 물기를 제거한 두부와 간장, 참기름, 검은깨를 함께 넣고 손으로 조
물조물 무쳐준다. 과감한 손놀림으로 두부가 부드러워질 때까지 으깨도 좋고, 두
부의 거친 식감을 즐기고 싶다면 살짝만 으깬다. 마지막으로 데친 아스파라거스
를 넣고 함께 버무린다. 간장을 많이 넣으면 색이 검게 되므로 부족한 간은 소금
으로 더한다.

양상추

햄버거 가게를 운영하며 가장 골칫거리이자 사랑스러운 식재료가 바로 양상추다. 양상추는 로메인보다 가격도 비싸고 관리도 어렵지만 아삭함을 포기할 수 없어 손을 놓지 않고 있다. 양상추는 밑동을 자르지 않고 겉잎부터 한 장씩 떼어서 쓰는 것이 좋다. 그리고 남은 재료는 밑동을 살짝 물에 담가서 보관해주면 된다. 채소들 중 탄생의 과정을 슬로비디오로 보고 싶은 것들이 있다. 양파와 양상추, 양배추 같은 겹겹의 채소들이다. 채소들이 동그랗게 자라는 현상을 결구結球라고 하는데, 예술 행위가 따로 없다. 오늘도 양상추를 한 박스 사 왔다. 커다란 박스를 이고 언덕을 오르는 내내 묘한 흥이 난다. 하루하루 낑낑대며 자라났을 겹겹의 잎들을 헛되게 쓰지 말아야지.

양상추를 넣어
밥을 볶다

지구가 정말 태양을 중심으로 둥글게 돌고 있다면 나의 기운도 둥글게 돌고 있을까. 습관처럼 잠이 들기 전에 내일의 별자리 운세를 검색해본다. 아무런 근거도 없지만 어딘가 보이지 않는 곳과 소통하고 있는 기분이 든다. 나침반과 별자리 같은 것들이 그렇다. 반대가 동시에 존재하기에 균형적인 동그라미다. N극과 S극, 사자자리와 염소자리. 볶음밥을 하기 전 심심한 양상추를 심심하지 않게 도와줄 재료들을 모아본다. 홍피망과 양파, 달걀, 버섯, 생선 조각. 요리도 별자리도 답을 찾으려는 목적은 없다. 그저 모나지 않은 동그라미가 유지되기를 바랄 뿐이다.

재료

양상추 4~5장, 느타리버섯 반 줌, 양파 30g, 홍피망 30g, 당근 30g, 생선 조각(연어나 대구 등) 조금, 밥 한 공기, 달걀 1개, 다진 마늘 0.5ts, 간장 1ts, 올리브오일 1Ts, 소금과 후추 적당량

만드는 법

양파, 피망, 당근은 잘게 다진다. 양상추를 잘게 뜯고 생선은 먹기 좋게 부순다. 프라이팬에 올리브오일을 두르고 양파, 피망, 당근을 넣어 볶는다. 양파가 투명해지면 양상추, 느타리버섯, 생선, 다진 마늘을 넣어 소금, 후추로 간을 한 뒤 센 불로 올려 1~2분가량 더 볶는다. 볼에 달걀을 잘 풀어 밥을 넣고 밥알이 달걀물에 코팅되도록 잘 비빈다. 프라이팬에 달걀에 비빈 밥을 넣고 섞어가며 볶아 마무리한다. 간장을 둘러 향을 입힌다.

Tip.
양상추는 매우 섬세한 채소로 금속에 특히 약하다. 칼로 손질하면 절단 부분이 금방 붉게 변색되므로 가능하면 손으로 뜯는 것이 좋다. 조리 전에 10분가량 물에 담가놓으면 좀더 아삭한 식감을 낼 수 있다.

아삭한 양상추를 뜯어
식초에 절인 버섯을 올리다

재료

양상추, 버섯 식초절임(《봄의 일기》버섯 편 참고), 방울토마토, 버섯 시저 드레싱

만드는 법

양상추는 10분가량 물에 담가둔 뒤에 물기를 잘 제거해준다. 방울토마토는 반으로 썬다. 접시 위에 양상추를 먹기 좋은 크기로 뜯어 담는다. 버섯 식초절임, 토마토 그리고 기호에 따라 볶은 햄을 추가한 뒤 드레싱을 뿌린다.

버섯 시저 드레싱 볼에 두부 반모와 식초1Ts, 소금 0.5ts을 넣고 핸드블렌더로 곱게 간다. 버섯오일(《봄의 일기》버섯 편 참고) 1Ts와 후추 약간을 넣고 잘 섞는다. 농도를 보아 올리브오일이나 식초를 추가한다.

Tip.
섬유가 두꺼운 양상추 겉잎 쪽은 볶음 요리에, 단맛이 강하고 부드러운 속잎 쪽은 샐러드에 적합하다.

양파

요리학교에서 칼을 다루는 시험을 볼 때면 언제나 재료는 양파였다. 그래서 시험 전날에는 집에 양파를 수북이 쌓아놓고 이리저리 써는 방법을 바꿔가며 연습하곤 했다. 양파는 잘린 단면만 보고도 칼날이 살아있는지, 섬유질을 어떻게 다루는지 단번에 알 수 있는 채소다. 거짓말이나 요령은 통하지 않는다. '쓰다, 맵다, 달콤하다, 부드럽다, 아삭하다.' 양파는 이렇게나 다양한 식감을 갖는다. 요리사들에게 양파 없는 삶이 가능할까? '재료의 산책'을 연재하면서 이번처럼 세 가지 요리로 한정하기 힘들었던 적은 처음이었다. 계속해서 매력이 드러나는 재료. 그 매력을 모두 소개하려면 '양파의 산책'이라는 코너를 따로 만들어야 할지도 모르겠다.

양파를 약한 불에서
느긋하게 볶아 갈색으로 만들다

낯선 나라에서 사는 것을 꿈꿔본다. 시장에는 처음 보는 식재료들과 향신료, 치즈, 빵 종류로 가득할 것이다. 재료에 대한 배경지식이 전혀 없는 상태이므로 온몸의 감각들을 동원해 어떤 조합이 잘 어울리는지 찾아내야 한다. 하나하나 향기를 맡아보고 혀에 대보아야 비로소 알 수 있는 세계에 있다면 어떤 기분일까. 내가 알고 있는 맛은 극히 일부에 불과하다. '캐러멜라이즈드 어니언Caramelized Onion'이라는 조리법을 안 지도 5년이 채 되지 않았다. 양파를 약한 불에서 오래도록 타지 않게 주의하며 볶으면 갈색으로 변한다. 알싸하고 아삭한 양파의 맛은 사라지고 달콤하고 부드러운 과일이 되어 있다. 이 맛을 모르고 생이 끝났다면 얼마나 아쉬웠을까. 아직 살아갈 날이 수십 년이나 남아 있어 다행이란 생각이 든다.

재료

식빵 2장, 버터 1Ts, 불고기용 소 목전지(목살과 이어진 앞다리살) 70g, 느타리버섯 반 줌, 간장 1ts, 양파 ½개, 프로볼로네 치즈 또는 모차렐라 치즈 1장, 식용유 2Ts, 소금, 후추

만드는 법

양파를 얇게 채 썬다. 프라이팬에 식용유와 양파를 넣어 약한 불에서 타지 않도록 저어가며 볶는다. 중간중간 물을 조금씩 추가한다. 10~20분가량 양파가 캐러멜색이 될 때까지 볶아 식혀둔다.

식빵 한 면에 버터를 발라 노릇하게 굽는다. 프라이팬에 식용유를 두르고 느타리버섯과 소고기를 볶는다. 소금, 후추로 간을 하여 고기가 익으면 간장과 치즈를 넣고 잘 녹도록 비비며 볶는다. 구운 식빵의 버터를 바르지 않은 면에 볶은 양파를 듬뿍 얹은 뒤 볶은 고기를 올리고 나머지 식빵 한쪽을 덮어 누른다.

양파에 맥주 거품을 묻혀
바삭하게 튀겨내다

얼마 전 허리까지 오던 머리카락을 단숨에 귀 옆까지 잘라냈다. 화려한 단발식이었다. 미용사는 귀찮게도 나에게 몇 번이고 진심인지, 후회하지 않는지를 물어왔다. 보통 남자들은 긴 생머리의 여자를 좋아하는데 괜찮겠냐는 물음이었다. 도리어 나는 긴 머리의 남자가 좋고 짧은 머리의 여자가 좋다. 파스타를 만들 줄 아는 남자가 멋지고, 순댓국을 먹으러 가자는 여자가 멋지다. 어니언링도 케첩보다 사워크림소스에 찍어 먹는 걸 좋아한다. 보통이라는 단어가 없는 세상에 살고 싶다.

재료

양파, 튀김가루, 맥주 거품 또는 탄산수, 빵가루, 카레가루, 소금, 식용유

만드는 법

양파를 2~2.5cm 두께로 썬다. 양파의 막을 제거한다. 소금 한 꼬집과 약간의 튀김가루를 양파 위에 골고루 뿌린다. 튀김가루에 물 대신 맥주 거품 또는 탄산수를 넣어 덩어리가 지지 않도록 풀어준다. 빵가루는 그냥 써도 좋지만 블렌더에 한 번 갈아 곱게 만들어 준비한다. 빵가루에 카레가루나 칠리, 큐민, 후추 등을 추가하여 넣어보자. 막을 벗겨 준비한 양파에 튀김 반죽을 묻힌 뒤 빵가루로 잘 코팅한다. 180도로 달군 기름에서 2~3분가량 노릇해질 때까지 튀긴다.

Tip.
양파는 해가 들지 않는 곳에 두면 수개월동안 보관이 가능하다. 또한 습기가 많은 곳에 두면 싹이 자라기 쉬우나, 싹이 자란 가운데 심 부분을 제거하면 사용할 수 있다.

양파를 녹여
현미밥을 짓다

고기를 졸일 때나 간장 드레싱을 만들 때 양파를 갈아 넣는 요령은 우리네 어머니들에게서 이어져 온 지혜다. 요즘은 집에서 백미보다 영양소가 몇 배는 풍부한 현미밥을 지어먹는데 현미의 투박함을 어색해하는 친구들이 오는 날이면 현미에 양파를 함께 넣어 짓는다. 밥솥 안에서 푹 익은 양파는 투명하게 녹아 달콤함과 부드러움만을 남기고 그 모습은 어디론가 사라져 있다.

재료

양파 ½개, 현미 2컵, 차조 0.5컵, 소금, 물 1.5컵, 들기름 1Ts, 볶은 아마씨 2Ts

만드는 법

양파를 얇게 슬라이스한다. 현미와 차조를 잘 씻어 밥통에 넣고 양파를 올린다. 물을 붓고 소금 두세 꼬집을 넣어 취사한다. 밥이 지어지면 들기름, 볶은 아마씨를 넣고 양파와 함께 골고루 섞는다. 아마씨가 없다면 볶은 통들깨나 참깨를 넣는다.

냉이

냉이는 봄의 도래를 알리는 깃발이다. 밭농사가 가능한 흙이라면 어디서든 잘 자라서 '사람을 따라다니는 잡초'라고 불리는 채소다. 냉이의 서식처는 '밭, 밭두렁, 논두렁, 들녘 초지, 농촌 길가, 양지'로 정의되어 있다. 마치 강아지풀이나 민들레가 떠오를 법한 환경이다. 냉이는 언뜻 잎 달린 산삼처럼 보이기도 한다. 실제로 요리를 할 때 뿌리를 함께 사용해야만 참다운 냉이의 맛이 난다. 냉이에 들어있는 칼슘이나 철분은 끓여도 쉽게 파괴되지 않아 어떤 요리를 해도 영양 손실이 거의 없다.

냉이의 향을 빌려
해물 파스타를 말다

시장에서 냉이의 향에 취해 세 움큼이나 집어왔다. 파스타와 수프를 만들고도 한참이 남아 신문지에 싸두었더니 다음 날 아침 부엌에서 엄마가 냉이 나물을 무치고 계신다. 엄마는 평생을 밥보다 빵, 된장찌개보다 라자냐를 좋아하셨기 때문에 내게는 걱정이 되는 광경이다. 무슨 일이라도 있었느냐고 여쭤보니 요새는 흙 향 나는 나물들에 마음이 간다고 하신다. 어딘가 찡한 마음이 들다가도 입가에 미소가 지어진다. 나도 예전엔 파스타 한 그릇을 멋지게 말아내는 사람이 되고 싶었는데 요즘엔 냄비에 밥을 맛있게 지을 줄 아는 사람이 되고 싶다.

재료

냉이 페스토 2Ts, 올리브오일 2Ts, 마늘 2개, 페페론치노 1개, 대구 100g, 칵테일 새우 6마리, 안초비 1조각, 바지락(해감한 것) 8개, 방울토마토(말린 것) 3개, 블랙 올리브 6~7개, 화이트와인 50ml, 숏파스타 50g, 소금, 후추, 물

만드는 법

냉이 페스토 냉이를 손질하여 3~4cm 길이로 썰어 준비한다. 뿌리 쪽은 조금 더 잘게 다져둔다. 푸드프로세서에 냉이, 올리브오일, 소금 약간을 넣고 곱게 간다. 절구가 있다면 절구에 넣고 빻아도 좋다.

냉이 해산물 파스타 마늘과 블랙 올리브를 슬라이스한다. 숏파스타는 미리 삶아 올리브오일을 뿌려둔다. 뚜껑이 있는 프라이팬에 올리브오일을 두르고 마늘과 페페론치노를 넣어 약한 불에서 향을 낸다. 마늘 향이 나기 시작하면 대구, 칵테일 새우, 안초비를 넣어 중불로 올린다. 대구를 뒤집어가며 구워 양면이 노릇해지면 화이트와인과 바지락을 넣은 뒤 뚜껑을 덮고 센 불로 올린다. 1~2분 뒤 뚜껑을 열어 바지락이 입을 열었으면 냉이 페스토, 방울토마토, 블랙올리브, 숏파스타와 물 약간을 넣어 다시 뚜껑을 덮고 졸인다. 그릇에 담고 후추를 뿌려 마무리한다.

Tip.

냉이 손질법 냉이를 흐르는 물에 흔들어가며 뿌리에 묻은 흙까지 잘 씻어준다. 뿌리 쪽은 칼로 살살 긁어서 씻으면 깨끗이 정리할 수 있다. 누렇게 변하거나 무른 잎을 뜯어낸다.

숏파스타 숏파스타의 종류는 기호에 따라 펜네, 푸실리, 파르펠레 등 무엇이든 좋다. 파스타는 표기된 조리법대로 미리 삶은 뒤 서로 달라붙지 않도록 올리브오일을 약간 뿌려 버무려둔다.

냉이와 고구마를 갈아
부드러운 수프로 만들다

도시에 삶의 터전을 두고 생활하기 시작한 뒤로 숲에 갈 일이 없어졌다. 한 번 가려면 일정을 비우는 일부터 마음에 적당량의 에너지를 모으는 일까지 순차가 복잡해진다. 숲에는 코로 다 맡아낼 수 없는 수많은 향기가 난다. 특히 봄의 숲에는 짙고 푸른 향기가 가득해 콧속이 이끼로 가득 차버릴 것만 같다. 벅차게 아름다운 자연의 향기에 반항하는 기분이 들어 향수를 싫어하는지도 모르겠다. 얼마 전부터 가게에서 냉이 수프를 팔기 시작했다. 순전히 나의 후각적 행복을 위한 이기적인 메뉴다. 매일 아침마다 냉이를 씻고 썰고 끓이며 그 푸른 향기 속에서 숲과의 이음을 더듬어본다.

재료

냉이 40~50g, 고구마 2개, 마늘 2개, 양파 ½개, 표고물 또는 채수 200ml, 두유 300ml, 올리브오일 2Ts, 소금, 후추

만드는 법

마늘과 양파는 슬라이스하고, 고구마는 껍질을 벗겨 큼직하게 썰어둔다. 냉이는 잘 씻어 큼직하게 썰어 준비한다. 냄비에 올리브오일을 두르고 마늘을 넣어 약불에서 향을 낸다. 양파를 넣고 중불에서 양파가 투명해질 때까지 볶은 뒤 고구마를 넣고 좀더 볶는다. 고구마가 살짝 노릇해지면 두유, 채수, 냉이를 모두 넣고 10~15분가량 끓인다. 불에서 내려 블렌더로 곱게 간다. 소금, 후추로 간을 맞춘다. 이때 마늘, 양파, 고구마를 180도로 예열한 오븐에서 노릇해 질 때까지 구워내도 좋다. 오븐에 넣을 시에는 올리브오일을 뿌리고 굽는다. 진한 맛을 원한다면 두유와 채수 대신 버터, 생크림, 우유로 대체한다.

Tip.

말린 표고버섯 국물 물 3컵에 잡티를 제거한 말린 표고버섯을 3~4개 넣어 찬물에 우리거나 (더울 때는 냉장 보관), 그대로 중불에 끓여서 사용한다. 이때 다시마와 표고버섯을 함께 넣어도 된다. 다시마와 말린 표고버섯 이외에도 말린 무, 호박고지 등을 같은 방법으로 자유롭게 사용하자.

냉이를
바삭하게 튀겨내다

향긋한 봄나물을 튀기지 않고 지나가는 건 백번 손해다. 냉이는 물론이고 방풍나물, 두릅, 쑥, 엄나무순 등의 봄나물은 짧은 시간 안에 조리하여 향을 담아두는 튀김이 제격이다.

재료

냉이, 튀김가루 또는 밀가루와 전분가루, 찬물 또는 탄산수, 식용유

만드는 법

냉이는 잘 씻어 준비한다. 볼에 튀김가루 또는 밀가루와 전분가루를 1:1로 넣고 찬물 또는 탄산수를 넣어 반죽을 만든다. 반죽은 날가루가 조금 남아있어도 괜찮으니 살살 섞어준다. 180도로 달군 기름에 반죽을 묻힌 냉이를 넣고 바삭하게 튀긴다.

쑥

단군신화의 곰은 백일 동안 쑥과 마늘만 먹고 사람의 몸을 얻는다. 얼핏 인내의 시간 끝에 소원을 이루는 그림으로 보이는 듯하나 곰은 쑥을 먹는 백일 동안 사실 행복했을지도 모른다. 누군가와 꿀떡을 먹을 때는 흰떡에게 미안할 정도로 쑥떡을 차지하려는 쟁탈전이 시작된다. 음식의 효능만을 얻기 위해 쓰고 맛없는 약초를 억지로 먹는 건 너무 슬픈 일이다. 쑥은 감사하게도 맛도 효능도 뛰어나다. 쑥은 황사나 방사능으로 오염되어가는 우리 몸을 정화하고 냉기를 몰아내어 몸을 따뜻하게 해준다. 잡초의 특성상 먹는 용도뿐만 아니라 의식주 전반적으로 쓰임새가 있어 방향제, 화장품, 천연염료 등 다양한 형태로 도움을 준다. 피가 날 때는 생쑥을 비벼서 상처에 붙이면 지혈의 효과를 볼 수도 있다. 지천에 수줍게 숨어있는 팔방미인 의사 선생님이다.

쑥의 향으로 밥을
뜸 들이다

재료

쌀 2컵, 쑥 적당량, 당근 30g, 불고기용 소고기 40~50g, 말린 표고버섯 한 줌, 소금 1ts, 간장 1Ts, 청주 1Ts, 식용유 1Ts, 물

만드는 법

쌀을 흐르는 물에 잘 씻어 1시간가량 불린다. 말린 표고버섯도 물에 불려놓는다. 당근과 불린 표고버섯을 잘게 썰어 준비한다. 쑥은 잘 씻어 3~4cm 길이로 썬다. 냄비에 쑥 이외의 모든 재료를 넣고 표고버섯 불린 물을 약간 섞어 양을 맞춘다. 평소 밥을 짓는 것처럼 불에 올려 취사한다. 밥이 다 지어질 때쯤 손질한 쑥을 넣고 뜸을 들인다.

Tip.
전기밥솥으로 지을 경우 처음부터 쑥을 함께 넣고 짓는다. 조금 질게, 죽처럼 먹는 것도 부드러운 향을 느낄 수 있으므로 물의 양은 취향에 맞게 조절한다.

쑥을 쌀가루에 버무려
부드럽게 찌다

한두 번 겪어온 일도 아닌데 겨울이 한창일 때는 이대로 봄이 돌아오지 않을까 두렵다. 추위에 웅크린 어깨가 심장을 압박하여 마음이 자리를 펼 곳이 없다. 요가 수업에서 배운 것인데 사람은 생각이 많아지면 머리 쪽으로 열이 몰리므로 혈액순환이 안 되어 어깨와 목이 굳는다고 한다. 그래서 일부러 몸의 열을 배의 아래쪽으로 모아주는 동작을 많이 하게 되는데 신기하게도 수업이 끝나면 정말로 머리가 가볍게 비어있다. 봄이 오고 몸의 긴장이 풀리면 마음이 둥실둥실해지는 것도 비슷한 원리이지 않을까. 봄은 상상만으로도 기분이 좋아지는 계절이다.

재료

쑥 100g, 멥쌀가루 2컵, 고구마 적당량, 설탕 1~2Ts, 소금 1ts

만드는 법

고구마를 작은 크기로 썰고 쑥은 깨끗하게 씻어둔다. 쌀가루에 설탕, 소금을 넣고 손으로 비비듯 섞는다. 볼에 쑥, 고구마, 쌀가루의 반을 넣고 고르게 범벅한다. 찜기에 면포를 깔고 범벅한 쑥과 고구마, 쌀가루를 넣은 다음 나머지 쌀가루를 골고루 뿌린다. 면포를 덮고 20~25분가량 찐다. 이때 달게 조린 콩, 밤, 단호박, 대추 등을 넣으면 잘 어울린다.

쑥을 한나절 말려
향긋하게 구워내다

늘상 하던 요리에 약간의 비법을 추가해본다. 겉은 바삭하고 속은 폭신한 전을 만드는 비법은 연근에 있고, 쑥의 향을 두 배로 높이는 비법은 말리는 방법에 있다. 이왕 먹을 것 조금 더 향긋하게, 조금 더 폭신하게 만들어 먹는 편이 행복하지 않겠는가.

재료

쑥 100g, 연근(중) 1개, 부침가루 또는 녹말가루 2~3Ts, 참기름 0.5ts, 물, 소금, 식용유, 간장

만드는 법

쑥을 깨끗이 씻어 채반에 한나절가량 말린다. 말린 쑥은 잘게 썰고 연근은 껍질을 벗겨 강판에 간다. 볼에 쑥과 연근, 부침가루 또는 녹말가루, 참기름, 소금 조금을 넣어 섞는다. 되직하다면 물을 조금 추가해 농도를 맞춘다. 중불로 달군 프라이팬에 식용유를 두르고 얇게 부친다. 간장과 함께 곁들여 먹는다.

딸기

우리나라는 일 년이 사계절로 나누어져 있어서 봄이 되어야 비로소 한 해가 시작되는 느낌이 든다. 여름이나 겨울만 있는 나라에서 태어난 사람들은 봄이 주는 설렘을 알까? 바보 같은 일들을 끝없이 꿈꿔도 좋을 것 같은 날들이다. 딸기는 지나치게 아름다워 자연이 낳은 건지 의심이 들 때가 있다. 동화 같은 빛깔과 모양은 마치 가짜로 만든 조형물 같다. 아무렴 어떤가. 바보 같아지고 싶은 계절에 안성맞춤인 과일이다. 딸기로 만들 수 있는 요리들도 대부분 뻔하게 맛있다. 점점 더 짧아지고 있는 지구의 봄이다. 미련 없이 유치하게 살고 싶다.

새하얀 요거트와
새빨간 딸기를 함께 갈다

도쿄의 한 케이크 가게에서 일을 하던 친구는 봄을 싫어했다. 딸기 쇼트케이크가 유명하던 그 가게는 봄이 되면 쇼케이스를 빽빽이 채우기에 혼을 빼는 모양이었다. 친구는 어떤 날은 출근해서 퇴근할 때까지 딸기만 손질하기도 한다며 투덜댔다. 그래도 나는 그 시기가 좋았다. 왜냐면 일 년 중 그때, 그녀가 가장 활기찼으니까. 딸기는 뻔하고 딱딱하던 일상에 피는 빨간 봄꽃이다.

재료

딸기 10~15개, 요거트 1컵, 꿀 3Ts, 얼음 적당량

만드는 법

모든 재료를 블렌더에 넣고 간다. 요거트와 딸기의 비율은 기호에 따라 자유롭게 바꿔보자. 얼린 딸기를 사용할 경우 얼음은 필요 없다.

봄 딸기와 망고로
살사소스를 만들다

요리가 꼭 수고스러워야 할 필요는 없다. 어떤 농부가 키우고, 어떤 땅에서 자랐으며, 어떤 과정으로 나에게 오는지 알 수 있는 재료를 구하는 일이 수고스럽지 않게 됐다. 하지만 아무리 좋은 재료를 손에 넣었다 한들 그것을 지지고 볶고 삶는 긴 과정에서 힘이 들어 지쳤다면 우리에게 과연 무엇이 남을까. 주방에 오래도록 서 있는 시간을 줄여 책을 읽고, 음악을 듣고, 나무를 바라보는 시간을 가지는 편이 더 건강한 삶일 수 있다.

재료

딸기 15개, 망고 ½개, 아보카도 ½개, 적양파 ¼개, 라임 ½개, 고수 적당량, 할라페뇨 적당량, 소금, 후추

만드는 법

딸기, 망고, 적양파, 아보카도를 1cm 정도로 깍둑썰기한다. 할라페뇨와 고수는 잘게 다지고 라임은 즙을 짜낸다. 모든 재료를 볼에 넣어 잘 비벼 섞은 다음 칩이나 빵을 곁들인다.

재료의 산책

봄의 일기

1판 1쇄 발행 2018년 10월 29일
1판 6쇄 발행 2024년 6월 20일

지은이 요나
펴낸이 송원준
편집인 김이경
책임편집 김건태
디자인 최인애
사진 안선근 요나

펴낸곳 ㈜어라운드
출판등록 제 2014-000186호
주소 03980 서울시 마포구 동교로51길 27 AROUND
문의 070 8650 6375
팩스 02 6280 5031
전자우편 around@a-round.kr
ISBN 979-11-88311-33-0

이 제작물은 아모레퍼시픽의 아리따글꼴을 사용하여 디자인 되었습니다.